BEI GRIN MACHT SICH IHR WISSEN BEZAHLT

- Wir veröffentlichen Ihre Hausarbeit,
  Bachelor- und Masterarbeit

- Ihr eigenes eBook und Buch -
  weltweit in allen wichtigen Shops

- Verdienen Sie an jedem Verkauf

Jetzt bei www.GRIN.com hochladen
und kostenlos publizieren

Bibliografische Information der Deutschen Nationalbibliothek:

Die Deutsche Bibliothek verzeichnet diese Publikation in der Deutschen National-
bibliografie; detaillierte bibliografische Daten sind im Internet über http://dnb.d-
nb.de/ abrufbar.

Impressum:

Copyright © 2016 GRIN Verlag
Druck und Bindung: Books on Demand GmbH, Norderstedt Germany
ISBN: 9783668336537

Dieses Buch bei GRIN:

https://www.grin.com/document/340742

Rebecca Schär, Nadin Nanzer, Matilda Wunderlin, Michel Zengaffinen

Förderung hochbegabter Kinder im Mathematikunterricht. Allgemeine Förderung, Enrichment, Akzeleration und Ich-Du-Wir-Prinzip

GRIN Verlag

PHBern
Institut Vorschulstufe und Primarstufe
Profil MST

FS 2016
Modul *Unterrichten 2*

Förderung hochbegabter Kinder
im Mathematikunterricht

Nadin Nanzer

Rebecca Schär

Matilda Wunderlin

Michel Zengaffinen

2. Semester

Leistungsnachweis

Unterrichten

Bern, 2. Juni 2016

Inhaltsverzeichnis

1   Einleitung 2

2   Hochbegabung hinsichtlich der Mathematik 3
    2.1   Definition Hochbegabung 3
    2.2   Mathematische Begabung: ein Modell 3

3   Mögliche Formen der Förderung 5
    3.1   Allgemeine Förderung 5
    3.2   Enrichment 5
    3.3   Akzeleration 6
    3.4   Ich-Du-Wir-Prinzip 7
    3.5   Vergleich 7

4   Planung einer Unterrichtssequenz 9

5   Erfahrungen einer Fachperson 13

6   Feedback unserer Kommilitoninnen und Kommilitonen 15

7   Fazit und Ausblick 18

8   Abbildungs- und Literaturverzeichnis 19
    8.1   Abbildungsverzeichnis 19
    8.2   Literaturverzeichnis 19

9   Anhang 20

1 Einleitung

Wir haben uns für das Thema „Hochbegabung" entschieden, da es unser allen Interesse geweckt hat und es möglicherweise auch früher oder später einmal eine Herausforderung in unserer beruflichen Laufbahn darstellen wird.

Denn wie fördere ich ein begabtes Kind, während ich noch 20 weitere Kinder zu betreuen habe? Diese Frage beschäftigt wohl viele Lehrpersonen, doch es gibt keine eindeutige Antwort darauf. Jedes Kind ist ein Individuum und muss auch dem entsprechend gefordert und gefördert werden. Aufgrund dieser Problematik befassen wir uns mit diesem Thema. Wir erhoffen uns daraus ein Repertoire an wertvollen Tipps und Tricks für die Zukunft zu schaffen.

Doch weshalb haben wir den Begriff „Hochbegabte" in unsere Fragestellung aufgenommen? Dafür hatten wir zwei triftige Gründe. Erstens, weil wir so genau definieren, welche Schülerinnen und Schüler wir meinen. Denn laut Definition zählt ein Kind erst ab einem IQ von 130 als hochbegabt. Zweitens können wir uns so auf die Literatur über hochbegabte Kinder stützen. So entsteht keine Spannung zwischen den Begrifflichkeiten.

Auf den folgenden Seiten möchten wir dem Leser die Arbeit mit hochbegabten Kindern näherbringen. Wir erläutern dazu die verschiedenen Fördermethoden: Allgemeine Förderung, Enrichment, Akzeleration und das Ich-Du-Wir-Prinzip. Darüber hinaus stellen wir eine konkrete Unterrichtssequenz vor. Diese könnte schon gleich durchgeführt werden. Abgerundet und verfeinert wird die Arbeit durch die Erfahrungen und Tipps einer Fachperson.

2 Hochbegabung hinsichtlich der Mathematik

Unter Förderung von mathematisch hochbegabten Kindern verstehen wir, dass Kinder gezielt gefördert werden, welche die Materie der Mathematik viel schneller verstehen. Dies soll einem störungsfreien Unterricht vorbeugen sowie das Kind vor der Lustlosigkeit bewahren.

In diesem Kapitel wird der Begriff der Hochbegabung erklärt und ein Modell, welches für die Förderung von Hochbegabten sinnvoll ist, erläutert.

2.1 Definition Hochbegabung

Hochbegabung ist ein Begriff, der aus der Intelligenzforschung stammt. Mithilfe eines Intelligenztests wird der Intelligenzquotient bestimmt. Dieser Test besteht aus mehreren Untertests wie das logische Denken, das Allgemeinwissen, das Wortverständnis, die Verarbeitungsgeschwindigkeit und die Kapazität des Arbeitsgedächtnisses. Anhand dieses Intelligenzquotienten stellt sich heraus, ob jemand hochbegabt ist. Ab einem Intelligenzquotienten von 130 spricht man von einer Hochbegabung. Doch damit sich diese Hochbegabung entfalten kann, müssen auch drei Persönlichkeitsmerkmale vorhanden sein, nämlich intellektuelle Fähigkeiten, Kreativität und Motivation. Und diese drei Merkmale stehen wiederum in einem engen Verhältnis mit den Sozialbereichen Familie, Schule und Freundeskreis. Harmonieren all diese sechs Faktoren miteinander, so sind die Voraussetzungen optimal für die Entfaltung der Hochbegabung (Casado / Erg / Tiefenthal 2010: 4).

2.2 Mathematische Begabung: ein Modell

Ein Kind, das in der Mathematik hochbegabt ist, muss nicht zwingend in allen Bereichen der Mathematik hochbegabt sein. Es kann beispielsweise nur in einem von vielen Gebieten hochbegabt sein. An der Universität Augsburg dient das folgende differenzierte Modell für mathematische Begabung als theoretische Grundlage. Es wird ausserdem für die Diagnose und für Fördermassnahmen begabter SuS genutzt.

Das Modell besagt, dass sich mathematische Intelligenz in mathematischem Denken äussert. Dieses mathematische Denken kann zudem in mindestens zehn Teilaspekte unterteilt werden. Diese sind natürlich nicht unabhängig von einander, sondern oft eng miteinander verbunden.

In folgende Teilaspekte lässt sich die mathematische Intelligenz unterteilen:

- Numerisches Denken
- Eben-geometrisches Denken
- Räumlich-geometrisches Denken
- Funktionales Denken
- Stochastisches Denken
- Algorithmisches Denken
- Formales Denken
- Problemlösendes Denken
- Modellierendes Denken
- Schlussfolgerndes Denken

Als „Denken" werden in diesem Zusammenhang alle kognitiven Prozesse bezeichnet, die sich auf die Wahrnehmung, die Speicherung und die Abrufung von mathematischen Informationen beziehen (Ulm 2009: 3-4).

3 Mögliche Formen der Förderung

Bildung und Weiterentwicklung muss allen zugänglich gemacht werden. Die Förderung hochbegabter aber auch normal begabten Schülerinnen und Schüler ist ebenso wichtig. Hierfür müssen individuelle Leistungsfähigkeiten und intellektuelles Vermögen berücksichtigt werden, wozu sich individuelle Förderprogramme eignen (Stamm 2014: 183). Zu den Förderprogrammen für Hochbegabte gehören allgemeine Förderung, Enrichment, Akzeleration sowie das Ich-Du-Wir-Prinzip nach Volker Ulm.

3.1 Allgemeine Förderung

Allgemeine Förderung bezieht sich auf das psychische Wohlergehen jedes Kindes in der Klasse. Darunter soll eine "positive Beziehung" zwischen Lehrenden und Lernenden entstehen, welche "Anerkennung und Bestätigung, Verständnis und Unterstützung, entwicklungsgemässe Anforderungen und individuelle Förderung" beinhaltet (Stamm 2014: 154). Mit der Bereitstellung vielfältiger und differenzierter Materialien wird eine ganzheitliche und umfassende Betreuung und Förderung ermöglicht. Die Materialien dürfen die Schülerinnen und Schüler dann selbst auswählen wodurch sie ihre Interessen vertiefen können (Stamm 2014: 154 ff.). Dabei sorgt die Lehrperson für ein angenehmes Klassen- und Lernklima. Werden besondere Fähigkeiten hochbegabter Kinder im Unterricht eingesetzt, z.B. Kind liest seinen Mitschülerinnen und Mitschülern vor, profitiert nicht nur das vorlesende Kind, sondern auch seine Mitschülerinnen und Mitschüler. So hat die Hochbegabung für alle einen Wert und Nutzen (Stamm 2014: 154 ff.). „Jede Anlage erfordert Begleitung und Förderung, damit sie sich entwickeln kann" (Schnell 2014: 33). Daher sollte die Lehrperson die Stärken und die Schwächen der Schülerinnen und Schüler gleichermassen weiterentwickeln.

3.2 Enrichment

Bei Enrichment wird die Förderung mittels angereicherten und vertieften Materialien ermöglicht. Einerseits können diese zusätzlichen Angebote direkt im Regelunterricht umgesetzt werden, in dem die Lehrperson differenzierte Themen und Aufgaben für dieses Kind zur Verfügung stellt (Stamm 2014: 153 ff.). Diese angereicherten und vertieften Materialien können über die lehrplanrelevanten Themen hinausgehen, damit das Kind seinen Interes-

sen nachgehen kann und neue Interessen entwickeln können (Bildungsforschung 2016[1]).
Andererseits können die Angebote auch ausserhalb der Schule und der Schulzeiten statt-
finden (Stamm 2014: 153 ff.).

Wenn Eltern die Hochbegabung ihres Kindes schon vor der Einschulung festgestellt haben,
melden sie ihr Kind oft automatisch in Sport- und Musikvereinen oder Sprachkursen an.
Sollten die Eltern die Hochbegabung noch nicht erkannt haben, ist es die Aufgabe der
Schule, die Eltern darüber aufzuklären und zu beraten (Stamm 2014: 153 ff.).
Von Ausflügen mit der Klasse bis hin zu verschiedenen Projekten, die Kinder selbstständig
auswählen und durchführen, profitieren Hochbegabte enorm. Denn bei diesen Tätigkeiten
können sie individuell ihre Ansprüche regulieren (Stamm 2014: 154).
Zudem ist es von Vorteil wenn die Art der Hochbegabung ermittelt wird, um das Kind dort
abzuholen wo es steht, aber auch um seine Defizite aufzuarbeiten. Damit kann das Kind
ganzheitlich gefördert werden (Stamm 2014: 154).

3.3 Akzeleration

Unter Akzeleration wird die Beschleunigung des Schuleinstiegs und des Schuldurchlaufs
verstanden. Hochbegabte Kinder haben daher die Möglichkeit, früher eingeschult zu werden oder Klassen zu überspringen. Nach Hattie (2013: 119 ff.) gehört auch der Besuch
einzelner Unterrichtsstunden in höheren Stufen dazu. Diese Form des „beschleunigten
Lernens" kann in Erwägung gezogen werden, wenn Kinder beginnen sich zu langweilen
und den Unterricht stören (Stamm 2014: 153).
Kinder sind grundsätzlich neugierig und gehen gerne zur Schule. Damit hochbegabten
Kindern die Freude an der Schule nicht vergeht, ist es durchaus erdenklich sie früher mit
neuen herausfordernden Lerninhalten zu konfrontieren. Bei längerfristiger Unterforderung
kann sich sonst ein Problemkind entwickeln (Stamm 2014: 153).
Jedoch ist eine Früheinschulung nur möglich, wenn das Kind intellektuell, emotional und
sozial in der Lage ist und es dies auch möchte. Erst dann sollten Eltern und Schule einverstanden sein (Stamm 2014: 153). Ansonsten besteht die Gefahr einer "Self-fulfilling-
Prophency". Denn wenn Schule und Lehrer nicht ganz hinter der Entscheidung einer Ak-
zelerationsmassnahme stehen, überträgt die Lehrperson seine eigene negative Einstellung
unbewusst auf das Kind. Die Schülerin oder der Schüler übernimmt diese Einstellung und
versagt im ungünstigsten Falle. Zudem können Probebesuche in der neuen Klasse hilfreich
für die Entscheidung sein (Schnell 2014: 29).

---

[1] http://www.begabungsfoerderung.ch/seiten/fundus/glossar/enrichment.html

3.4   Ich-Du-Wir-Prinzip

Gallin und Ruf (Volker 2009: 5) haben das "Ich-Du-Wir-Prinzip" entwickelt. Diese Methode

zielt darauf ab Schülerinnen
und Schüler zum eigenver-
antwortlichen, selbstorgani-
sierten, individuellen, ko-
operativen, experimentel-
len, forschenden und ent-
deckenden Lernen hinzu-
führen. Dies soll die Leis-

Abbildung 1: Ich--Du--Wir--Prinzip

tungsheterogenität in reguV
lären Klassen tragfähig maV
chen.

Bei der genaueren Betrachtung dieser Methodik handelt es sich hier um eine offene und
binV nendifferenzierte Unterrichtsform. Der offene Unterricht ermöglicht einerseits ein
individuelles Arbeiten und andererseits das Arbeiten im Klassenverband.
"Ich" bedeutet, dass selbstständig an einer Aufgabe gearbeitet wird und sein Vorwissen ihm
dabei helfen kann. "Du" steht für das Lernen mit einem Partner, wodurch die Gedanken
ausV getauscht werden, um einen tieferen Blick in das Thema zu bekommen. So kann
gemeinsam ein Lösungsweg erschlossen werden. In der "Wir"V Phase werden die
Gruppenlösungen vorV getragen und zusammen besprochen. Anhand aller Beiträge kann
ein "gemeinsames ErgebV nis erarbeitet" werden. Diese drei Phasen verbinden
eigenständiges Arbeiten und kooperatiV ves Lernen mit Klassengesprächen, wodurch
leistungsschwächere sowie leistungsstärkere Kinder profitieren (Volker 2009: 5).

3.5   Vergleich

Je nach Situation der Schülerin oder des Schülers, Einstellung der Eltern sowie Angebot der
Schule bzw. Offenheit und Investitionsmöglichkeiten der Lehrperson können andere Fördermethoden in Frage kommen. Für ein Kind ist immer die Lösung die Beste, die ihm am meis-
ten zusagt.
Nach Schnell sollten Lehrer bei der Förderung von hochbegabten Schülerinnen und Schülern sowohl Akzelerations- als auch Enrichmentmassnahmen im Unterricht berücksichtigen.
Das eine schliesst das andere nicht aus. Es ist bei einem Akzelerationsprogramm also auch
angebracht, ausgewählte Elemente zu vertiefen. Ebenso bei einem Enrichmentprogramm.
Das Verhindern von Akzelerationsmassnahmen ist ebenso schädlich wie unprofessionelles

Enrichment (2014: 32). Die Grenze zwischen Enrichment und Akzeleration ist in jedem Falle schwer zu definieren. Wir können uns deshalb gut vorstellen, dass in der Praxis vor allem Mischformen eingesetzt werden.

Die Akzeleration bringt vor allem im sozialen Bereich einige Nachteile mit sich. Wenn Schülerinnen oder Schüler Klassen überspringen werden sie aus dem gewohnten Kameradenkreis herausgerissen und in ein neues Umfeld gesetzt. In einer speziellen Hochbegabtenschule wird dies besser funktionieren, da dort alle Schülerinnen und Schüler in gewissen Bereichen hochbegabt sind und die Situation so für alle die selbe ist. In der öffentlichen Schule sehen wir in diesem Bereich aber einige Probleme, gerade wenn die Mitschülerinnen und Mitschüler bereits in der Pubertät sind, das hochbegabte Kind von der Entwicklung her aber noch nicht so weit ist.

Die allgemeine Förderung enthält Aspekte aus Akzeleration und Enrichment. Sie ist aber ganzheitlicher ausgerichtet. Es wird viel Wert auf positive Beziehungen und ein gutes Lern- und Klassenklima gelegt. Die Schülerin oder der Schüler sollen individuell gefördert werden und sich dadurch sowohl in Bereichen, in denen er/sie sehr stark ist, als auch in schwächeren weiterentwickeln können.

Das Ich-Du-Wir-Prinzip eignet sich in unseren Augen dagegen für einen eher offenen Unterricht und gerade auch, wenn hochbegabte Schülerinnen und Schüler in der Regelklasse gefördert werden sollen. Bei diesem Prinzip sollen alle Schülerinnen und Schüler selbständig arbeiten können und so individuelle Lernfortschritte machen. Es werden sehr offene Fragen gestellt. Die Schülerinnen und Schüler können sich dadurch in Themenbereichen vertiefen, die sie interessieren und darin wiederum selber den Schwierigkeitsgrad ihrer Aufgaben bestimmen. Wir denken, dass sich dieses Vorhaben besonders für den Mathematikunterricht eignet. In anderen Fachbereichen könnte es schwieriger sein, Fragestellungen zu finden. Da es in unserer Arbeit aber besonders um die Förderung von hochbegabten Schülerinnen und Schülern im Mathematikunterricht geht, werden wir versuchen, anhand des Ich-Du-Wir-Prinzips eine Unterrichtseinheit für den Einsatz in der Regelklasse zu planen.

4 Planung einer Unterrichtssequenz

Die Planung einer Unterrichtssequenz stellen wir anhand der offiziellen Vorlage für die Unterrichtsplanung dar. Dabei handelt es sich um eine Mathematik Lektion der 5. Klasse, in welcher Dreiecke thematisiert werden.

Sachanalyse

- Beim Adventskalender handelt es sich um ein dreidimensionales (?) Dreieck. Auch die Adventstürchen haben die Form eines Dreiecks.
- Es handelt sich hier genauer gesagt um ein gleichschenkliges Dreieck, d.h. alle Seiten sind gleich lang.
- Mit einem Geodreieck kann man die Seitenlängen vom Dreieck messen und danach mit den gemessenen Längen rechnen.
- Mit der Formel g*h/2 kann man die Fläche von Dreiecken berechnen
- Um die Fläche des grossen Dreiecks zu berechnen gibt es zwei Möglichkeiten:
  1. Eine Dreiecksfläche ausrechnen und diese mit 25 multiplizieren;
- 2. Höhe und Grundlinie des grossen Dreiecks messen und berechnen

Diagnostik: Lernvoraussetzungen

Mögliche Schwierigkeiten für die SuS:

- Abschweifen einiger SuS, sich nicht konzentrieren können
- Formulieren von geeigneten Fragen
- Genügend mathematische Kenntnisse nötig, Kreativität um eine Aufgabe auszudenken
- Viel Zeitaufwand für eine einzelne „Aufgabe"
- Keine „offizielle" Lösung
- LP hat keine Kontrolle über Fragestellungen

Klassenführung

- Darauf schauen, dass alle arbeiten. Wenn einige nur „herumsitzen", sie motivieren und versuchen Inputs/Ideen für Fragen oder Lösungsansätze zu geben.
- Wenn die SuS sich nicht mehr konzentrieren können, eine kurze Bewegungspause einlegen. Z.B ein kurzes Spiel wie Armdrücken, ein Lied mit Bewegungen singen o.ä
- Bei guter Arbeit, die SuS auch loben!

Kompetenzen Lernende

An welchen Kompetenzen/Kompetenzstufen wird mittelfristig gearbeitet?

MA.2.A.1.d : Die SuS verstehen und verwenden die Begriffe Figur, Länge, Breite, Fläche, Körper spiegeln, verschieben

MA.2.A.a.f: Die SuS erkennen und benennen geometrische Körper und Figuren in der Umwelt und auf Bildern.

MA.2.A:3: Die SuS können Längen, Flächen und Volumen bestimmen und berechnen

MA.3.B.1: Die SuS können zu Beziehungen zwischen Grössen Fragen formulieren, erforschen, und funktionale Zusammenhänge überprüfen

MA.3.C.2: Die SuS können zu Texten, Tabellen und Diagrammen Fragen stellen, eigene Berechnungen ausführen sowie Ergebnisse interpretieren und überprüfen.

Kompetenzerwartungen

Woran arbeiten die Lernenden in der Lektion konkret, welche Ergebnisse werden angestrebt?

Die SuS entwickeln eigene Fragestellungen zu einem Bild und versuchen diese zu zweit zu lösen.

Die SuS entdecken selbständig Zusammenhänge.

Die SuS betrachten ein Muster und versuchen es mit ihren Kenntnissen der Mathematik (evt. auch aus dem Alltag) zu verknüpfen.

Die SuS lernen individuell, zu zweit und im Team zu arbeiten.

Beobachtungsgesichtspunkte

Auswahl von Aspekten zu den Kompetenzen der entsprechenden Praxisphase

Wie führe ich die Klasse? → Habe ich Unterrichtsstörungen unter Kontrolle und kann sie beheben?

Ist (Sind) die Aufgabenstellung(en) verständlich? Verstehen die SuS was sie tun sollen? Spreche ich klar und deutlich?

Kann ich einem Kind, welches eine Frage zur Aufgabe hat, helfen, sodass es jetzt versteht was zu tun ist, ich ihm aber die Antwort nicht vorgesagt habe?

Zeit	Gliede-rung/Teilschritte	Methoden, Organisation, L-/S-Tätigkeiten	SF	Material
15'		LP verteilt die Aufgabenblätter, SuS arbeiten an 1. (dürfen auch an Gruppentischen im Zimmer oder im Gang arbeiten)	EA	AB „Dreiecksadventskalender"
30'		SuS lösen zu zweit die gestellten Aufgaben. Lösungsweg aufschreiben! => Pause	PA	
20'	Austausch in der Klasse	Einzelne Gruppen erklären, woran sie gearbeitet haben. Wenn eine Frage auftaucht, mit der sich die ganze Klasse gerne beschäftigen würde: aufschreiben, nächste Woche (Gruppe ist dann „Profi", müsste sich überlegen)	KA	Presenter oder Wandtafel

Reflexion

- Kompetenzerweiterung Lernende
- Wirkung eigenen Handelns als Lehrperson
- Konsequenzen für die weitere Unterrichtsarbeit

Vor allem für SuS, die in der Mathematik weniger interessiert oder begabt sind, war es recht schwierig, sich eigene Fragestellungen zu stellen, die dann auch lösbar waren.

Für Schritt 2 wäre es sinnvoller, nicht mit dem Nachbarn zu arbeiten, sondern sich mit jemandem zusammenzutun, der auch schon fertig mit 1. ist. So könnten Wartezeiten vermieden werden.

Wenn im Austausch eine Frage auftaucht, mit der sich die ganze Klasse gerne beschäftigen würde: aufschreiben und in einer anderen Lektion behandeln. (Gruppe ist dann „Profi", müsste sich überlegen wie sie die Frage der Klasse beibringen kann). => LP hätte so auch Zeit, sich eine mögliche Lösung zu überlegen.

Schwierigkeit im Austausch: Es geht nicht primär darum, auf welche Lösungen die Gruppe gestossen ist, sondern an welchem Thema, welcher Fragestellung sie gearbeitet hat. Es kann auch gut möglich sein, dass sie noch zu keiner Lösung gekommen ist. Das ist nicht weiter schlimm. Man kann in einer anderen Lektion noch an der Aufgabe weiterarbeiten.

Der Unterricht entspricht dem „Ich-Du-Wir-Prinzip". Das bedeutet, dass die Schülerinnen und Schüler die Aufgabe zuerst alleine versuchen zu lösen, dann mit einem Partner und zum Schluss werden die Lösungswege, welche in den Zweiergruppen gefunden wurden präsentiert und besprochen. Diese eher soziale und integrative aber auch individuelle Form des Unterrichts ermöglicht den Schülerinnen und Schüler in ihrem eigenen Tempo zu arbeiten, sich Fragen zu stellen und diese gemeinsam im Team zu klären. Gerade im Team bzw. in der Klasse zusammen arbeiten ist für hochbegabte Kinder wichtig, damit sie sich vollständig in der Klasse integrieren können (Schnell 2014: 34). Denn oft müssen sie alleine arbeiten und sind daher nicht sehr beliebt. Zudem gehört zur ganzheitlichen Bildung jeden Kindes Teamfähigkeit. Die Teamfähigkeit kommt in der Wir-Phase zum Zuge, denn die Kinder sollen lernen andere Arbeiten zu würdigen. Nur dann entsteht eine Klassengemeinschaft. Auch sollten ungewöhnliche Fragen oder Lösungen nicht übergangen oder als unsinnig dargestellt werden. Diese müssen gerade von der Lehrperson ernstgenommen und positiv gehandhabt werden (Schnell 2014: 36).

5   Erfahrungen einer Fachperson

Heinen Diakité Monic ist seit 25 Jahren Lehrperson und hat sieben Jahre in der Stelle für Begabungs- und Begabtenförderung im Kanton Wallis gearbeitet. Einmal pro Woche hatte sie einen Förderhalbtag, in dem sie mit hochbegabten Schülerinnen und Schüler arbeitete. Da sie gerne mit Menschen zusammenarbeitet, hat sie das Angebot für diese Stelle angenommen und eine Weiterbildung in integrativer Begabungs- und Begabtenförderung gemacht, wobei sie ein Zertifikat erhalten hat.

Heinen Diakité sieht Hochbegabung etwas anders als andere Leute. Für sie ist ein Kind nicht hochbegabt, sondern hoch begabt. Mit dem meint sie, dass jedes Kind in einem Bereich besonders begabt ist, aber vielleicht nicht einen IQ-Wert von 130 besitzt.

Sie arbeitete in Gruppen, aber auch einzeln mit Schülerinnen und Schüler. Je nachdem wie viele und wie lange die Schülerinnen und Schüler bei ihr waren. Ihr Auftrag war es auch, die Lehrpersonen und Eltern im Umgang mit Hochbegabten zu unterstützen.

Hochbegabung sei nicht nur in einem Gebiet. Wer hochbegabt ist, kann vernetzt denken. Wäre ein Kind nur in einem Gebiet hochbegabt, würde man wieder von hoch begabt sprechen.

Die Symptome von ADHS und Hochbegabung sind sehr ähnlich, da ein hochbegabtes Kind, wenn es unterfordert ist, die gleichen Verhaltensauffälligkeiten aufweist, wie ein Kind mit ADHS. Vielfach stellt sich auch heraus, dass ein Kind mit ADHS hochbegabt ist. Heinen Diakité ist der Meinung, dass es keinen Unterschied zwischen der Förderung von Hochbegabten und Hochbegabten ohne ADHS. Jeder muss so behandelt werden, dass sie/er zeigen kann, was sie/er drauf hat.

Auch ein hochbegabtes Kind muss in der Mathematik vorerst die gleichen Ziele erreichen, wie alle anderen Schülerinnen und Schüler. Jedoch muss dieses Kind, nicht die ganzen Aufgaben zur Automatisierung lösen, wie seine Mitschülerinnen/Mitschüler. Entweder macht man weiterführende Mathematikaufgaben, die im gleichen Themenfeld sind oder man würde dann irgend etwas im Bereich der Mathematik machen, bei der in einer Aufgabe mehrere Faktoren vorkommen. Vielfach ist ein Kind aber nur in der Arithmetik, nicht aber in der Geometrie hochbegabt oder umgekehrt. Deshalb ist Heinen Diakité dafür, dass vor einem neuem Thema ein Vortest gemacht wird, um zu sehen, wo jede/r einzelne Schülerin oder Schüler steht.

Akzeleration, bzw. Klassenüberspringen, ist nur dann gut, wenn alle beteiligten damit einverstanden sind. Also nicht nur Lehrperson und Eltern, sondern auch das Kind muss einverstanden, wenn es ums Klassenüberspringen geht.

Zukünftige Lehrpersonen sollen wissen, dass jedes Kind ein grosses Potential hat und sollen jedem Kind die Chance geben seine besonderen Fähigkeiten zu zeigen. Einführungslektionen im Kreis sollen vermieden werden, eher forschender Unterricht betreiben, damit keine Langeweile auftritt.

Hochbegabte Kinder wollen auch wie normale Kinder behandelt werden. Und je älter sie werden, desto mehr schämen sie sich mehr zu wissen und schneller zu denken als die anderen der Klasse. Oft werden sie so zu Minderleister (Schülerinnen und Schüler, die trotz ihrer Intelligenz schlechte Leistungen zeigen) und zeigen nicht mehr ihre gewohnten Leistungen.

Schon recht viele unserer Mitstudierenden konnten Erfahrungen mit hochbegabten Schülerinnen und Schülern sammeln. Diese Eindrücke sind sehr vielseitig und interessant. Doch bei weitem sind nicht alle Vorgehensweisen der Lehrpersonen positiv. So wurde uns von einem Kind aus der zweiten Klasse berichtet, welches einfach nur mit Material gefüttert wurde. Es löste schon Aufgaben für die sechste Klasse. Somit war es den anderen Schülerinnen und Schülern immer voraus und konnte so sozial schlecht integriert werden. Ein Lösungsansatz dazu könnte sein, dass das hochbegabte Kind die zu bearbeitenden Aufgaben weiterentwickeln soll. Beispielsweise könnte es eigene ähnliche Aufgaben entwickeln und diese auch noch lösen oder diese von den anderen Kindern lösen lassen. Darüber hinaus kann das hochbegabte Kind den anderen Kindern Hilfestellung leisten, indem es ihnen Aufgaben erklärt. Durch dieses Vorgehen erhoffen wir uns ein Kernverständnis der Aufgabe. Doch auch hier zeigt sich eine Schwierigkeit. Denn hochbegabte Schülerinnen und Schüler weisen oft Sozialkompetenzlücken auf. Also wie würde sich diese Lücke auf das Erklären der Aufgaben auswirken? Eventuell könnte so eben die Sozialkompetenz gefördert werden, jedoch könnte der Nutzen für die „normalen" Kinder abnehmen, da sie die Erklärungen nicht verstehen können. Denn die Gedankengänge einer hochbegabten Schülerin / eines hochbegabten Schülers sind komplex und schwer verständlich für andere. Die Förderung von Hochbegabten ist nicht einfach für Lehrpersonen, daher empfiehlt es sich sehr sich mit anderen Lehrpersonen, die in diesem Bereich schon Erfahrungen gesammelt haben, auszutauschen. Dabei erhält man viele wertvolle Tipps. Doch dennoch sollte man jedes Kind genau beobachten und somit individuell fördern.

Beim Thema Klassenüberspringen waren sich unsere Kommilitoninnen und Kommilitonen ziemlich einig. Diese Methode empfinden sie als nicht sehr wirkungsvoll, da ein hochbegabtes Kind meist nur in einem Gebiet hochbegabt ist. Daher wäre es sinnvoller, wenn das Kind nur in diesem Fach in die obere Klasse wechseln könnte. Doch diese Massnahme würde wiederum einen grossen organisatorischen Aufwand mit sich bringen.
Beim Ich-Du-Wir-Prinzip haben unsere Mitstudierenden, zu Recht, Kritik angebracht. Es wird kritisch betrachtet, dass das hochbegabte Kind sozial schnell ausgeschlossen wird. Da die anderen Schülerinnen und Schüler seine Erklärungsversuche nicht verstehen können. Hierzu ist es Aufgabe der Lehrperson den Kindern den Respekt vor individuellen Gedankengängen zu lehren. Die Kinder sollen also akzeptieren und verstehen, dass nur, weil jemand anders denkt, die Antwort trotzdem richtig sein kann. Wir denken, dass sich das Ich-Du-Wir-Prinzip für die Integration eines hochbegabten Kindes trotzdem sehr gut eignet. Denn jedes Kind stellt sich andere Fragen, die am Schluss präsentiert werden. Somit flies-

sen die unterschiedlichsten Arbeitswege und individuelles Wissen in die Klasse ein. Hierzu wurde noch erwähnt, dass es doch die Du- und Wir-Phase gar nicht benötigt, da ja alle Kinder andere Vorstellungen haben. Doch diese Phasen braucht es auch, hier können die Schülerinnen und Schüler einander inspirieren und anstecken. Auch können sie einander helfen. Der Profit des hochbegabten Kindes war der Seminargruppe jedoch noch immer unklar. Sie waren der Meinung, dass das Kind viel weiter als die anderen ist, somit verstehen diese erneut seine Erklärungen nicht. Doch der Nutzen besteht darin, das das hochbegabte Kind daran arbeiten kann, wo es möchte. Bei den Präsentationen benötigt es natürlich die Geduld und Akzeptanz von allen Schülerinnen und Schülern. Dennoch kann sich die Umsetzung je nach Klasse als schwierig erweisen. Vor allem mit älteren Kindern, da diese gerne jemanden bestimmen, der es eh kann und sich so nicht mehr in die Gruppe einbringen und blödeln. Eine gewisse Seriosität muss in der Gruppe vorhanden sein. Daher ist die Reihenfolge der Phasen auch nicht umkehrbar. Wenn alle Schülerinnen und Schüler zuerst die Ich-Phase erfolgreich meistern, kann dann die Du-Phase und letztendlich die Wir-Phase anschliessen. Doch es gibt immer wieder Schülerinnen oder Schüler die nichts zum Auftrag beitragen. Diese Kinder muss man als Lehrperson bestmöglich motivieren. In manchen Fällen müssen die Kinder auch selbst bemerken, dass sie nun arbeiten sollten.

Man kann hier gut erkennen, dass die Theorie viele Fragen offenlässt, die sich in der Praxis stellen.

Ein letztes Thema unserer Diskussion war die faire Behandlung aller Schülerinnen und Schülern. Dabei waren sich die Kommilitoninnen und Kommilitonen wiederum recht einig. Es wurde erwähnt, dass man als Lehrperson jedes Kind optimal fördern muss. Aber man hat viele Schülerinnen und Schüler in der Klasse, wodurch dies natürlich erschwert wird. Auch eine gewisse Skepsis gegenüber dem Anspruch, das gezielt gefördert werden soll, wurde sichtbar. Der Aufwand für die Lehrperson ist enorm und es gestaltet sich als eine extrem schwierige Aufgabe. Der Kanton will grosse Klassen, schon dadurch werden die Möglichkeiten der Lehrperson begrenzt. Man hat schlichtweg einfach weniger Zeit zum individualisieren. Es erweist sich als fast unmöglich jedes Kind optimal zu fördern. Hier ist es aber auch wichtig realistisch mit sich selbst zu sein. Und sich als Lehrperson nicht unter Druck zu setzen. Natürlich muss man sein bestmöglichstes geben, doch irgendwo gehen einem einfach die Ressourcen aus.

Von grosser Bedeutung bei diesem Thema ist auch, dass man nicht über den Kopf des Kindes hinweg entscheidet. Man muss mit den Eltern Rücksprachen halten und die günstigste Entscheidung für das Kind treffen. Doch zentral ist, dass was das Kind will. Es soll dem Kind gut gehen und es soll sich wohl fühlen.

Zum Abschluss haben wir noch einen interessanten Input erhalten, der zum denken anregt: Wird jedes Kind individuell gefördert, so würde es keine normalen Kinder mehr geben.

7   Fazit und Ausblick

Abschliessend lässt sich sagen, dass die Arbeit mit Hochbegabten Kindern eine höchst interessante Herausforderung darstellt. Es ist sehr spannend solche Kinder auf ihrem Lernweg zu unterstützen.

Wir wissen nun, dass ein hochbegabtes Kind nicht in allen Bereichen hochbegabt sein muss. Und dass unterforderte, hochbegabte Schülerinnen und Schüler ein ähnliches Verhalten wie ein Kind mit ADHS aufweisen. Daher lohnt es sich umso mehr genau hinzusehen. Auch das Aufklären und Beraten der Eltern ist sehr wichtig. Mithilfe der verschiedenen Fördermöglichkeiten wird die Beziehung zwischen den Lehrenden und den Lernenden verbessert und der Einsatz von vielfältigen Materialen ermöglicht. Förderung kann innerhalb, sowie auch ausserhalb der Schulzeit geschehen. Auch eine frühzeitige Einschulung stellt eine Option dar, diese wird jedoch nur möglich, wenn das Kind intellektuell, emotional und sozial dazu in der Lage ist. Auch die drei Phasen des Ich-Du-Wir Prinzips ermöglichen den Profit von leistungsschwächeren und leistungsstärkeren Schülerinnen und Schülern.

Dank diesen verschiedenen Fördermethoden haben wir einen Einblick gewonnen, wie wir es schaffen können ein hochbegabtes Kind in der Regelklasse zu integrieren. Auch die Tipps von unserer Fachperson, Frau Heinen Diakité Monic, haben uns sehr weitergeholfen. In der Diskussion mit unserer Seminargruppe wurde uns bewusst, dass die Grenze zwischen Akzeleration und Enrichment schwer zu definieren ist. Da der Lehrplan spiralförmig aufgebaut ist, stellt sich die Frage, wie weit man ein Thema mit Enrichment ausbauen kann, bevor man in die Akzeleration übergeht. Ein weiteres Problem, das in der Seminargruppe erkannt wurde ist, dass es einerseits wenig Theorie zum Thema gibt und diese andererseits nicht in der Praxis erprobt wurde.

Wir konnten durch diese Arbeit sehr viel dazu lernen. Bestenfalls werden wir dieses Wissen schon während einem unserer Praktika anwenden können oder dann später im Berufsalltag. Wir konnten uns ein grosses Allgemeinwissen zum Thema Hochbegabung aneignen, doch wenn wir einmal ein hochbegabtes Kind zu betreuen haben, müssen wir uns individuell auf diese Situation einlassen und einarbeiten. Doch die gewonnenen Erkenntnisse werden sicher von Nutzen sein.

Sieht man sich die Entwicklung in der Begabtenförderung der letzten Jahre an, so kann man durchaus zuversichtlich in die Zukunft blicken. Die Schülerinnen und Schüler werden heute, vielmehr als früher, als Individuen angesehen und auch so behandelt. So denken wir, wird die Begabtenförderung sich in Zukunft noch mehr verbessern.

8 Abbildungs- und Literaturverzeichnis

8.1 Abbildungsverzeichnis

Abbildung 1: IchV DuV WirV Prinzip nach Volker Ulm. Darstellung von Matilda Wunderlin entV wickelt.

8.2 Literaturverzeichnis

Hattie, John (2013): Lernen sichtbar machen für Lehrpersonen. Überarbeitete deutschsprachige Ausgabe von "Visible learning for Teachers", besorgt von Wolfgang Beywl und Klaus Zierer. Baltmannsweiler: Schneider Verlag Hohengehren.

Lerntipps für... (2016): "Hochbegabung". URL: http://www.mit-kindern-lernen.ch/adhs-lernstoerungen/hochbegabung-tipps-fuer-eltern [Stand: 28.03.2016].

Margrit, Stamm (Hg.) (2014): *Handbuch Talententwicklung. Theorien, Methoden und Praxis in Psychologie und Pädagogik.* Bern: Verlag Hans Huber.

Schulpsychologischer Dienst des Kantons St. Gallen (2010): "Begabung - Besondere Begabung - Hochbegabung". URL: http://www.schulpsychologie-sg.ch/pic-pdf-publik/Elternbrosch-Begabu-8-10.pdf [Stand: 28.03.2016].

Schweizerische Koordinationsstelle für Bildungsforschung (2016): „Netzwerk Begabungsförderung". URL: http://www.begabungsfoerderung.ch/seiten/fundus/glossar/enrichment.html [Stand: 17. Mai 2016].

Ulm, Volker (2009): *Mathematische Begabung und ihre Förderung im Unterricht.* Regensburg.

9 Anhang

9.1 Interview Fragen

- Wo haben Sie gearbeitet? Wie lange haben Sie dort gearbeitet?
- Was waren Ihre Beweggründe für die Arbeit mit hochbegabten SuS?
- Haben Sie für diesen Job eine spezielle Ausbildung gemacht?
- Wie sieht ihre Arbeit mit hochbegabten SuS aus? (Einzelunterricht? Gruppenförderung?)
- In welchen Bereichen waren die SuS hochbegabt? Mathematik?
- Haben Sie auch hochbegabte SuS mit ADHS oder Autismus betreut? Wie unterscheidet sich die Förderung im Gegensatz zu Hochbegabten ohne ADHS/Autismus?
- Haben Sie ein konkretes Beispiel für die Förderung eines hochbegabten SuS (wenn möglich im Fach Mathematik)?
- Sind Sie auch an der Erkennung von hochbegabten SuS beteiligt oder kamen Sie einfach direkt zu Ihnen?
- Was halten Sie von Akzeleration? (wenn SuS Klassen überspringen)
- Haben Sie Tipps zur Förderung von hochbegabten SuS für uns als zukünftige Lehrpersonen?

9.2 Transkription des Interviews

a) Wo haben Sie gearbeitet?

Ich habe in Primarschulen, in Schulen für geistig Behinderte und Erwachsene gearbeitet. Speziell für Hochbegabte habe ich bei der Stelle für Begabungs- und Begabtenförderung im Kanton Wallis gearbeitet, wo ich für den Teil Visp-Ost verantwortlich war. Dort hatte ich einen Förderhalbtag pro Woche, wo ich mit hochbegabten SuS, bei denen schon fast alle Fördermassnahmen ausgeschöpft waren, welche unterfordert waren oder welche ein neues Angebot gebraucht hatten, zu tun. Und ich war auch in der Beratung für Lehrpersonen, Eltern und Fachpersonen tätig, wenn es sich um Hochbegabung handelte.

b) Wie lange haben Sie dort gearbeitet?

Ich war 7 Jahre in diesem Amt. Seit ich Lehrerin bin, seit 25 Jahren, hatte ich schon mit Hochbegabten zu tun, da es ja in jeder Klasse solche hat. Also eigentlich solange ich schon als Lehrerin arbeite, habe ich mit Hochbegabten zu tun.

c) Was waren Ihre Beweggründe für die Arbeit mit hochbegabten SuS?

Man hat mich angefragt, ob ich diesen Job übernehmen möchte und ich habe zugesagt. Aber ob ich mit einem Hochbegabten oder sonst einem Menschen zusammenarbeite, ist für mich eigentlich das selbe. Also die Beweggründe, warum ich Lehrerin geworden bin, ist, dass ich gerne mit Menschen zusammenarbeite. Weil für mich ist es spannend herauszufinden, was in jedem Menschen drin steckt. Für mich ist das ein gegenseitiges Lernen. Ich sehe Hochbegabung sehr wahrscheinlich ein wenig anders als andere Leute, denn ich sage, dass jeder "hoch begabt" ist. Also nicht hochbegabt, sondern hoch begabt. Gerade auch weil ich als Heilpädagogin mit geistig Behinderten zu tun hatte. Auch dort gibt es welche, die eine super Begabung haben oder hoch begabt sind. Es kommt immer darauf an, wie man dies ansieht. Oft bezieht man ja die Hochbegabung nur auf den IQ den man hat, also wenn er höher ist als 125-130, je nach Skala.

d) Haben Sie für diesen Job eine spezielle Ausbildung gemacht?

Damit ich diesen Job machen konnte, habe ich noch ein CAS in integrativer Begabungs- und Begabtenförderung gemacht. Habe aber dort während der Ausbildung festgestellt, dass es das gleiche ist wie vorher, wenn man schon ein Menschenbild hat, jemandem zu helfen und zu zeigen, was er drauf hat. Aber diese Ausbildung war Voraussetzung für die Arbeit mit hochbegabten SuS. Es war eine 1-jährige Ausbildung, bei der ich danach ein Zertifikat erhielt.

e) Wie sieht ihre Arbeit mit hochbegabten SuS aus? (Einzelunterricht? Gruppenförderung?)

Es war sehr vielfältig und spannend. Es hatte sowohl nur Einzelne als auch Gruppen. Ich hatte auch Kinder, welche ich nur für kurze Zeit begleitet habe. Mit diesen habe ich dann einzeln gearbeitet. Aber später war mein Auftrag den Lehrpersonen einen Impuls zu geben, wie sie mit diesen Kindern weiterarbeiten können.

Dann ist noch dieser Förderhalbtag, bei dem man in Gruppen gelernt hat. Immer je nachdem wie viele SuS angemeldet waren. Einmal war zu Beginn des Schuljahres nur ein Schüler angemeldet, doch dies hat sich im Verlaufe des Jahres verändert. Ich habe nie mehr als 6 Kinder zur gleichen Zeit betreut. Unser Auftrag war vor allem auch die Lehrpersonen und Eltern zu unterstützen mit dem Umgang von Hochbegabten. Vor allem der Umgang mit der Heterogenität. Wie macht man jetzt wenn man einen Schüler hat, der viel reifer, schneller, anders ist und komplexer denkt als die anderen Mitschüler. Wir haben nie nur so beraten, was sie mit diesem einen Schüler machen sollen, sondern wie man die Schule organisiert, damit auch er auf seine Rechnung kommt bzw. dass alle auf die Rechnung kommen.

f) In welchen Bereichen waren die SuS hochbegabt? (Auch Mathematik?)

Es hatte SuS, welche Präferenzen in irgendeinem Gebiet hatten. Aber ich denke Hochbegabung zeichnet sich dadurch aus, dass man vernetzt denkt, mehr wissen will und mehr Zugang haben will. Dann ist das eigentlich egal in welchem Bereich man hochbegabt ist. Sei es im Sport, in der Biologie etc. ist. Ich kann jetzt nicht sagen, dass sich die Hochbegabung nur in einem Gebiet zeigt. Wenn sich dies allerdings nur in einem Bereich zeigt, dann wäre es wieder dieses "hoch begabt". Beispiel: Ein geistig Behinderter, der sämtliche Geburtstage von Leuten, mit denen er mal Kontakt hatte, weiss, ist doch eine hohe Begabung. Obwohl er nicht lesen und schreiben kann. Das wäre so eine Splitterfertigkeit, aber sonst ist das schon in mehreren Bereichen der Fall. Was noch sein kann, dass jemand der im logischen Denken hochbegabt ist, zwei linke Hände hat. Dann gibt es noch Leute, die super im Kopf sind und auch super zeichnen können oder super im Sport sind. Es ist jeder einzigartig, jeder ist anders.

g) Haben Sie auch hochbegabte SuS mit ADHS oder Autismus betreut?

Das gibt es sehr oft. Es ist noch schwierig, denn die Symptome von ADHS und Hochbegabung decken sich in vielen Bereichen. Zum Beispiel wenn ein Hochbegabter unterfordert ist, zeigt dieser vielleicht die gleichen Verhaltensauffälligkeiten, wie einer der ADHS hat. Und viele SuS sind in die Beratung gekommen, weil die Lehrpersonen sie ins ZET (Zentrum für Entwicklung und Therapie des Kindes und Jugendlichen) angemeldet haben, da sich nicht stillsitzen konnten oder sie immer am träumen waren. So zeigten sich Symptome von ADHS und dann war man vielfach überrascht, dass da jetzt noch eine Hochbegabung dahinter steckt.

h) Wie unterscheidet sich die Förderung im Gegensatz zu Hochbegabten ohne ADHS/Autismus?

Ich glaube auf diese Frage findest du sehr viel verschiedene Antworten. Ich persönlich bin der Überzeugung, dass es keinen Unterschied gibt. Weil ein Heilpädagoge befasst sich mit all den Leuten, die nicht in der Norm sind. Und dort war mal einer namens Paul Moore, der

sagte: "Heilpädagogik ist nichts als Pädagogik, aber unter erschwerten Umständen." Und
was diese erschwerten Umstände jetzt genau sind, kann immer etwas sein. Das ist zum
Beispiel, wenn jemand schneller denkt, dann muss ich neue Ideen machen. Für mich sollten alle so gefördert werden, damit sie auf ihre Rechnung kommen. Und ich glaube man
muss mit einem Hochbegabten genau gleich arbeiten wie mit einem Normalbegabten. Mei-
ne Ansprüche sind, dass man mit allen so arbeitet, dass sie zeigen können, was sie drauf
haben. Das heisst nicht, dass ich gleich Schule gebe wie immer, sondern ich muss so arbeiten, dass alle auf ihre Rechnung kommen.

**i) Haben Sie ein konkretes Beispiel für die Förderung eines hochbegabten SuS,
wenn möglich im Fach Mathematik?**

Also vorerst muss ein hochbegabtes Kind die Ziele erreichen, die ein anderer Schüler auch
kann. Und wer zeigen kann, dass er zum Beispiel das Ein-mal-Eins verstehen würde, ist
das so ein Moment wo man sagen kann, jawohl das kannst du. Das heisst er muss gleich-
viele solche Aufgaben machen wie andere, die dies noch automatisieren müssen. Danach
ginge es darum, für diesen Ersatzstoff zu haben. So dass der nicht immer wieder zeigen
muss, dass er das Ein-mal-Eins kann. Dazu gibt es zwei Möglichkeiten: Entweder machst
du Weiterführende Mathematikaufgaben, die im gleichen Thema sind. Im Zahlenbuch zum
Beispiel sind ganz viele erweiterte Aufgaben aufgeführt. Es gäbe auch noch einen Zusatz-
plan, Mathepläne, welcher für Hochbegabte gedacht ist. Oder man würde dann irgend etwas im Bereich Mathematik machen. Wie zum Beispiel: Wie viele Klaviere gibt es in der
Stadt London. Dort gibt es viel einzubeziehen, wie gross die Stadt ist, wie viele wohl Kla-
vier spielen und wie viele es sich überhaupt leisten können. Dies sind ja nicht Aufgaben,
bei denen man eine genaue Lösung haben kann. Aber man setzt sich mit extrem vielen
Sachen auseinander. Diese Art von Aufgaben kann man beispielsweise auch mit Kinder-
gärtnern machen. Es geht einfach darum, dass diese Kinder mathematisch Denken müssen. Solche Aufgaben wären aber auch interessant für alle. Darum sage ich eigentlich,
dass man mit allen das gleiche machen sollte. Damit es auch nicht auffällt, dass ein Hochbegabter in der Klasse ist. Viele haben ja das Gefühl, das Hochbegabte in der Mathematik
jede Aufgabe super können muss. Doch vielleicht ist er in der Geometrie nicht so gut, da er
kein gutes räumliches Denkvermögen hat, jedoch mit Zahlen jonglieren kann er super. Und
deshalb sagen wir in der Begabungsförderung nicht Hochbegabungsförderung, sondern
Begabungs- und Begabtenförderung. Es geht dann auch immer wieder darum zu schauen,
wo ein Schüler steht. Wir reden beispielsweise von Vortests. Dass wenn man ein neues
Thema beginnt einen kleinen Test macht um zu sehen, wo jeder einzelne Schüler steht. So

braucht man nur das zu machen, was sie noch nicht wissen oder nicht bei jedem das gleiche. Plötzlich sieht man, dass es einer kann, bei dem man gedacht hat, dass er es nicht
kann und umgekehrt, dass es einer nicht kann, bei man gedacht hat, er könne es.

**j) Sind Sie auch an der Erkennung von hochbegabten SuS beteiligt oder kamen
sie einfach direkt zu Ihnen?**

Es gab verschiedene Möglichkeiten. Es gab Eltern, das ZET oder Lehrpersonen, die mit
uns Kontakt aufgenommen haben und gesagt haben, dass ein Kind hochbegabt sei oder
bei dem der Verdacht auf Hochbegabung stand. Es gab auch solche, die schon abgeklärt
waren. Also die vom ZET waren ganz sicher abgeklärt und bei Eltern und Lehrpersonen
war so, dass entweder der Verdacht bestand oder sie das Kind abklärten. Doch wir waren
auch oft in Schulklassen, wegen irgendeinem Schüler. Und wenn man dort beachtet und
genauer hinschaut, kann man auch erkennen, dass da eventuell ein Kind hochbegabt sein
könnte. Vor allem bei Kindern, welche verhaltensauffällig sind. Dann hat man mit der Lehrperson über dieses Kind gesprochen und auch manchmal herausgefunden, dass es bei
dem Kind um eine Hochbegabung geht und nicht einfach nur verhaltensauffällig ist.

k) Was halten Sie von Akzeleration? (wenn SuS Klassen überspringen)

Also dies Akzeleration gibt es ja nicht nur im Bereich "Klassen überspringen", sondern
eben auch immer wieder im Unterricht. Und das Klassenüberspringen finde ich nur eine
gute Massnahme wenn das Kind, die Eltern und die Lehrperson einverstanden sind. Also
wenn das Umfeld damit einverstanden ist. Denn wir hatten viele solche Beschleunigungen,
welche wir begleitet haben. Und die, die wir begleitet haben, sind bis auf eine Ausnahme
gut gegangen, weil da das Kind vorbereitet wurde sowie die Lehrpersonen. Man musste in
denen Klassen, bei denen ein Kind eine Klasse überspringt, sagen weshalb das so ist und
man musste die Klasse, in die das Kind dann ging, darauf vorbereiten. Dies geschieht dann
meistens über ein Schnuppern, aber nur wenn man der Überzeugung ist, dass es klappt.
Wenn dann eine Lehrperson sagt, dass das Kind bevor eine Klasse zu überspringen, zuerst lernen soll, wie man richtig und still hin am Platz sitzt, ist das schon eine negative Voraussetzung darauf, dass es klappen wird. Und darum finde ich wichtig, dass es nur dann
gut ist, wenn alle beteiligten damit einverstanden sind.
Ich halte davon nur so viel Gutes oder Schlechtes, wie man das jedes Mal in jedem neuen
Fall entscheidet und gut anschaut und wirklich auch begleitet. Es ist wirklich sehr wichtig,
dass eine Fachperson dies begleitet.

l) Haben Sie Tipps zur Förderung von hochbegabten SuS für uns als zukünftige Lehrpersonen?

Ich wünsche mir von zukünftigen Lehrpersonen, dass sie wissen, dass jedes Kind ein grosses Potenzial hat und sie jedem einzelnen Kind die Chance geben, zu zeigen, was es drauf hat. Also das heisst beispielsweise, wenn ich ein neues Thema beginne, mache ich einen Vortest und schaue dann wer was kann. Anreicherung, also Enrichement, sind so Sachen, welche man vermehrt brauchen sollte. Und vor allem wünsche ich mir, dass hochbegabte Kinder nicht in Kistchen geworfen werden, dass sie alles können müssen, sondern das man immer schaut, wo sie stehen, damit sie nicht überfordert werden.

Mein Tipp ist, dass man nachfragt wenn man nicht mehr sicher ist. Und vor allem wenn ein Schüler nicht so funktioniert, wie man es gerne hätte, dass man schaut, ob er vielleicht über- oder unterfordert ist, mit dem was man von ihm erwartet. Denn auch ein Hochbegabter kann überfordert sein. Zum Beispiel wenn er ruhig sitzen soll, aber schon lange die Antwort weiss und dann gibt man ihm eine Strafe, weil er reingeredet hat. Dann wünsche ich mir eher, dass eine Lehrperson differenzierten Unterricht macht und ihm vielleicht eine andere Aufgabe gibt. Ich wünsche mir weniger Einführungslektion, bei denen alle im Kreis sitzen und hören müssen, was der Input der Lehrperson ist und mehr forschenden Unterricht, damit auch alle Schüler auf ihre Rechnung kommen. So wird auch niemandem langweilig und jeder kann zeigen, was er drauf hat.

Hochbegabte Kinder wollen auch nur behandelt werden wie andere Kinder auch und je älter sie werden, schämen sie sich, wenn sie mehr wissen oder schneller denken als andere und werden dann auch viel Minderleister. Sie zeigen dann nicht mehr, was sie können.

Was kann in diesem Bild alles berechnet werden?

(Abbildung aus urheberrechtlichen Gründen entfernt.)

Die Abbildung zeigt einen Dreiecksadventskalender, der wiederum aus kleinen Dreiecken aufgebaut ist.

Löse die Aufgaben in dein Mathematikheft.

1) Überlege dir zu diesem Bild Aufgaben, die mit der Mathematik zu tun haben.

   → Denkanstoss: An was erinnert dich dieses Bild? Was für Formen siehst du auf dem Bild? Kannst du damit etwas berechnen?

2) Arbeite mit deinem Nachbar. Wählt 2-3 eurer Fragestellungen aus und versucht sie zu lösen. Schreibt auch den Lösungsweg auf.

3) Erklärt der Klasse eure Fragen und Lösungen.